FRACTAL MANDALA COLORING BOOK

CRYSTAL
COLORING BOOKS

Copyright © 2017 Crystal Coloring Books
All rights reserved.
ISBN-13: 978-1720301011
ISBN-10: 1720301018

COLOR TEST PAGE

COLOR TEST PAGE

www.ingramcontent.com/pod-product-compliance
Lightning Source LLC
Chambersburg PA
CBHW082119220526
45472CB00009B/2236